Fröbelsterne und Co.

Der Fröbelstern ist ein Klassiker, der zu Weihnachten gehört wie das Christkind und der Gänsebraten. Entwickelt wurde er vom Pädagogen Friedrich Wilhelm August Fröbel bereits in der ersten Hälfte des 19. Jahrhunderts und bis heute erfreut er sich wachsender Beliebtheit. Es ist aber auch wirklich erstaunlich, wie aus vier schlichten Papierstreifen ein solch kunstvolles, plastisches Gebilde entstehen kann. In diesem Buch finden Sie eine ausführliche Anleitung für das Falten von Fröbelsternen, aber auch einige Ideen, wie Sie die Sterne dekorieren können.

Neben den Fröbelsternen halte ich auch noch andere schöne Sternklassiker für Sie bereit, wie die aparten Rollsterne aus Alu-Bastelfolie oder die Faltklappsterne, die aus einem zweifarbigen, gefalteten Papierquadrat geschnitten werden.

Eine frohe Weihnachtszeit wünscht Ihnen

So wird's gemacht

Fröbelsterne

Was man sich nur schwer vorstellen kann:
Die hübschen plastischen Sterne werden aus vier Papierstreifen gefaltet. Und in der Tat ist die Faltung auch etwas knifflig, aber das tolle Ergebnis entschädigt voll und ganz. Und Sie werden sehen, spätestens nach dem dritten Stern hat Sie die Fröbelsternesucht gepackt. Die ausführliche Faltanleitung mit Zeichnungen finden Sie auf dem Vorlagenbogen 1 A, 1 B und 2 A. Die schwierigsten Stellen – die Außen- und Innenzacken – werden hier in Wort und Bild noch einmal näher erläutert.

Der erste und der letzte Außenzacken

Am besten fertigen Sie erst auf einer Seite die Außenzacken (Zeichnungen 7 bis 16 auf dem Vorlagenbogen 1 A und 1 B), wenden den Stern dann und fertigen auf der anderen Seite die Außenzacken ebenso, bevor Sie sich an die plastischen tütenförmigen Innenzacken (Zeichnungen 17 bis 23) machen. Mit folgenden Handgriffen gelingen der erste und der letzte Außenzacken garantiert:

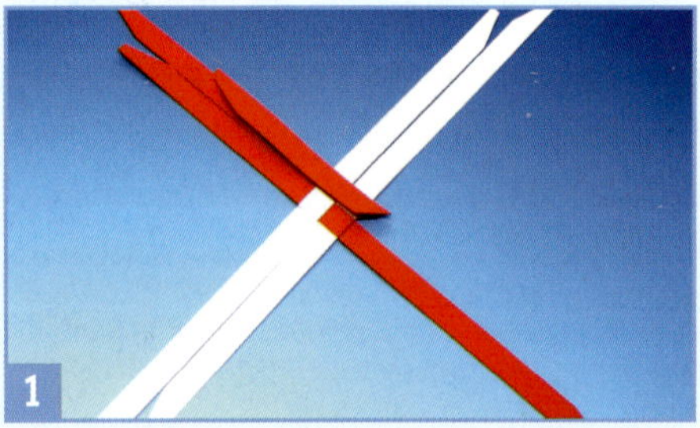

1 Der nach unten geklappte Papierstreifen soll durch die weiße Lasche, die gerade verdeckt ist, geschoben werden (entspricht Zeichnung 10 auf dem Vorlagenbogen 1 A).

2 Dies gelingt, indem der rote Zacken mit den Fingerspitzen der linken Hand nach unten gedrückt wird.

3 Der Schlitz ist jetzt frei und das rote Streifenende kann in einem Bogen durchgesteckt

4 ... und durchgezogen werden.

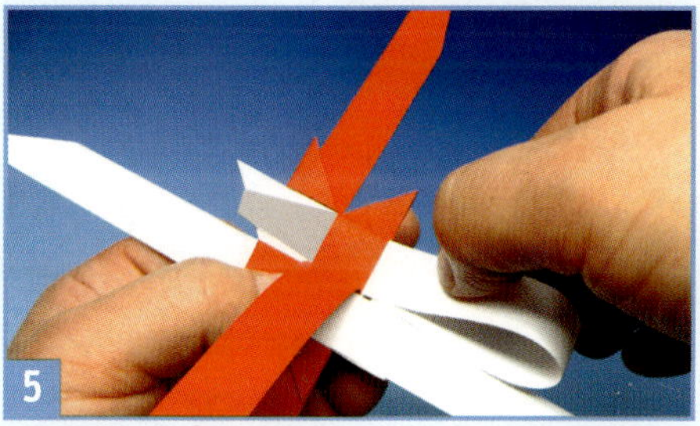

5 Um den letzten (hier weißen) Außenzacken zu falten und durchzuziehen, muss zuvor das rote Streifenende zurückgeklappt werden.

6 Sind sämtliche acht Zacken – also vier auf jeder Seite – gefaltet, sind nur vier sichtbar, die anderen vier auf der Rückseite werden von den darauf liegenden Streifenenden verdeckt.

Der erste und der letzte Innenzacken

1 Am schwierigsten ist das Arbeiten der plastischen Innenzacken (Zeichnungen 17 bis 23 auf dem Vorlagenbogen 1B +2 A), denn beim Durchstecken stößt das abgeschrägte Streifenende im Sterninneren oft in eine quer verlaufende Faltung und kann deshalb nicht durchgesteckt werden. Abhilfe schafft z. B. eine Nagelfeile, die so weit in den (hier roten) Zackenschlitz gesteckt wird, dass die Feilenspitze sichtbar ist, nachdem der (hier rote) Papierstreifen nach oben geklappt wurde.

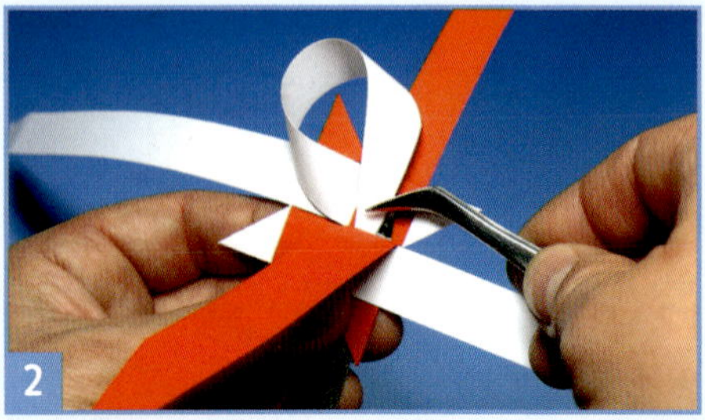

2 Den (hier weißen) Papierstreifen nach links außen drehen. Dann am besten mit einer Pinzette kurz unterhalb der Spitze fassen und so in den Schlitz stecken, dass er auf der Feile durchrutscht.

3 Wenn unten am Zacken die weiße Streifenspitze sichtbar wird, die Feile entfernen und den Streifen anziehen, bis sich die tütenförmige Innenspitze bildet.

4 Damit das Tütchen einen exakten linken Rand erhält, einfach mit der Nagelfeile das Tütchen so weit nach rechts schieben, bis es mit dem Rand des roten Quadrats abschließt.

5 Der nächste Innenzacken schließt sich gegen den Uhrzeigersinn an. Die Feile in den (hier weißen) Zacken stecken und den roten Papierstreifen mit der Pinzette fassen. So die übrigen Innenzacken fertig stellen.

6 Mit der Nagelfeile das letzte Tütchen zurechtrücken.

7 Jetzt sind die Innenzacken der Vorderseite fertig. Die Innenzacken auf der Vorderseite werden genauso gearbeitet.

Flache Fröbelsterne

Wenn man Fröbelsterne beispielsweise auf Karten kleben will, genügt es, auf einer Seite die plastischen Innenzacken zu gestalten. Die andere Seite muss dann flach bleiben und die Streifen können auf zwei Arten gekürzt werden:

1 Die Streifenenden entweder direkt nach der Austrittsstelle abschneiden.

2 Oder man kürzt die Streifenenden auf Streifenbreite, d. h. bei einem 1 cm breiten Streifen wird das Ende auf 1 cm gekürzt. So entstehen vier kleine Quadrate, jeweils 1 cm x 1 cm groß. Sie werden angeklebt.

Fröbelsterne in Rot und Creme

→ mit goldenen Punkten

MOTIV-DURCHMESSER
ca. 13 cm

MATERIAL PRO STERN
- Strohseide in Rot oder Creme mit Goldpunkten, 4 Streifen: 2 cm breit, 60 cm lang

VORLAGEN-BOGEN 1A + 1B + 2A

1 Für einen zweifarbigen Stern die Papierstreifen so anordnen, dass die gleichfarbigen Streifen einander gegenüberliegen.

2 Den Stern gemäß der Anleitung auf dem Vorlagenbogen 1A, 1B und 2A falten.

3 Beim cremefarbenen Stern und einem zweifarbigen Stern die überstehenden Streifenenden exakt am Sternrand abschneiden. Bei den beiden anderen plastischen Sternen bleibt am Sternrand zusätzlich noch ein etwa 5 mm breiter Rand stehen, der bei zweifarbigen Sternen jeweils die Gegenfarbe hat.

4 Beim flachen roten Stern die Streifenenden nicht direkt nach dem Durchziehen, sondern erst nach 2 cm abschneiden. Diese vier quadratischen Streifenenden ohne Punktmuster diagonal zur Mitte falten, so dass das Punktmuster sichtbar wird, und ankleben.

Tipp: Die Papierstreifen sollten nicht schmaler als 2 cm sein, da sich das Papier wegen der dicken Goldpunkte sonst nicht exakt falten lässt.

Plastische Sterne

→ edel in Gold

MOTIVDURCHMESSER
ca. 10 cm

MATERIAL PRO STERN

- matte Goldfolie, 2 x 12 cm x 12 cm
- UHU Alleskleber Kraft
- Transparentpapier
- dünner Karton
- Druckbleistift
- Klebestift
- Cutter mit Schneideunterlage
- Lineal
- Faden in Gelb oder Gold
- Nähnadel

VORLAGENBOGEN 2B

1 Die Vorlage auf Transparentpapier abpausen. Das Transparentpapier mit dem Klebestift auf dünnen Karton kleben und die Umrisse ausschneiden. Falls gewünscht, die kleinen Dreiecke in den Sternzacken mit dem Cutter auf der Schneideunterlage ganz herausschneiden. Das ist Ihre Schablone.

2 Die Schablone auf die Folie legen und die Konturen mit dem Druckbleistift nachziehen. Die Linien werden dabei gut sichtbar leicht in die Folie eingedrückt. Das Folienteil ausschneiden. Ggf. die sieben kleinen Dreiecke mit dem Cutter bis an die gestrichelte Linie einschneiden. Ein Stern besteht aus zwei Einzelsternen.

3 Mit Lineal und Druckbleistift die gestrichelten Linien aufzeichnen. Den Stern an den gestrichelten Linien falten.

4 Mit dem Druckbleistift nach Belieben Punkte oder ein anderes Muster eindrücken. Die gepunktete Fläche mit Klebstoff bestreichen und die Sternhälfte zusammenkleben.

5 Die zweite Sternhälfte ebenso arbeiten. Beide Sternteile Rücken an Rücken versetzt aufeinander kleben. Mit der Nähnadel den Aufhängefaden befestigen.

Tipp: Die Sterne können in jeder Größe gearbeitet werden. Dafür müssen Sie die Vorlage einfach auf dem Kopierer nach Belieben vergrößern oder verkleinern.

Fröbelstern-Formationen

→ Ring und Quadrat

1 Das Transparentpapier ist einseitig bedruckt, so dass eine Seite farbintensiver ist. Beim fertigen Stern erscheint dann, je nachdem wie herum man ihn hält, die Mitte intensiv und die Sternzacken etwas matter gefärbt oder umgekehrt. Beim Zuschneiden der Streifen darauf achten, dass jeweils ein Streifenende gelb und das andere rot ist. Dann sind die zuerst gefalteten Außenzacken orange und die vier Innenzacken in der Mitte entweder gelb oder rot.

2 Die Fröbelsterne gemäß der Anleitung auf dem Vorlagenbogen 1A, 1B und 2A falten.

3 Die fertigen Sterne so hinlegen, dass bei allen Sternen die Mitte intensiv gefärbt ist. Zwischen den Sternzacken gibt es abwechselnd einen kleineren und einen größeren Abstand. Beim Zusammenstecken jeweils die enger zusammenstehenden Zacken des einen Sterns in die weiter auseinander stehenden Zacken des Nachbarsterns stecken und kleben. Für den Ring sieben Sterne, für das Quadrat vier Sterne wie abgebildet zusammenkleben.

4 Mit der Vorstechnadel Löcher für den Faden anbringen und mithilfe der Nähnadel den Aufhängefaden durchziehen.

Tipp: Es sieht besonders harmonisch aus, wenn Sie an der Aufhängung noch ein oder zwei einzelne Sterne anbringen.

MOTIVDURCHMESSER
Einzelstern ca. 4 cm

MATERIAL PRO EINZELSTERN
- Regenbogen-Transparentpapier (Gelb-Orange-Rot-Verlauf), 4 Streifen: 1 cm breit, 30 cm lang
- UHU Alleskleber Kraft
- Faden in Orange
- Nähnadel
- Vorstechnadel

VORLAGENBOGEN 1A + 1B + 2A

Geschenk-Anhänger

→ mit goldfarbenen Sternen

MOTIVDURCHMESSER
Einzelstern ca. 4 cm

MATERIAL
- geprägtes Baumwollpapier mit Ornamenten in Chamois, 50 cm x 70 cm
- matte Goldfolie, pro Stern 4 Streifen: 1 cm breit, 30 cm lang und Rest (für Streifen auf den Anhängerkarten)
- Deko-Kordel in Creme und Gold, ø 2 mm
- Wachsperlen in Gold, ø 4 mm
- UHU Alleskleber Kraft
- Cutter
- Lochzange

VORLAGENBOGEN 1A+1B+2A

1 Die Fröbelsterne wie auf dem Vorlagenbogen 1A, 1B und 2A beschrieben falten.

2 Für die Anhängerkarten aus dem Baumwollpapier Rechtecke in den folgenden Maßen zuschneiden: 14 cm x 14 cm, 14 cm x 9 cm und 14 cm x 7 cm. Mit dem Cutter entlang der Mittellinie vorsichtig anritzen und zu Doppelkarten, 7 cm x 14 cm, 7 cm x 9 cm und 7 cm x 7 cm, falten. Nach Belieben die Ecken abschneiden.

3 Die Doppelkarten mit der Lochzange in einer Ecke lochen, mit 3 mm bzw. 5 mm breiten Folienstreifen verzieren und dann die Sterne aufkleben. Nach Belieben die Wachsperlen ergänzen.

4 Abschließend die Kordel durch das Loch ziehen und verknoten.

Tipp: Einen netten Gruß für den Beschenkten schreiben Sie auf ein weißes Papierrechteck, das etwas kleiner als die Karte ist, und kleben es ein.

Aparte Rollsterne

→ aus Alu-Bastelfolie

MOTIVDURCHMESSER
ca. 14,5 cm

MATERIAL PRO STERN

- Alu-Bastelfolie in Rot und Gold, je 2 Folienquadrate à 6 cm x 6 cm, 8 cm x 8 cm und 10 cm x 10 cm
- Rundholzstäbchen oder Schaschlikstäbchen, ø 3 mm oder 4 mm
- UHU Alleskleber Kraft

1 Diese Sterne können nur mit Alu-Bastelfolie gearbeitet werden, da sich Papier nicht wie Folie aufrollen lässt.

2 Das Folienquadrat in der Mitte falten, öffnen, quer zur ersten Faltlinie erneut falten und wieder öffnen. Das Folienquadrat ist jetzt in vier kleine Quadrate unterteilt. Die vier Faltlinien jeweils so weit einschneiden, dass noch 5 mm bis zum Mittelpunkt bleiben. Die Ecken an den Einschnitten mit dem Rundholzstäbchen aufrollen, bis sich die vier Rollenpaare fast berühren.

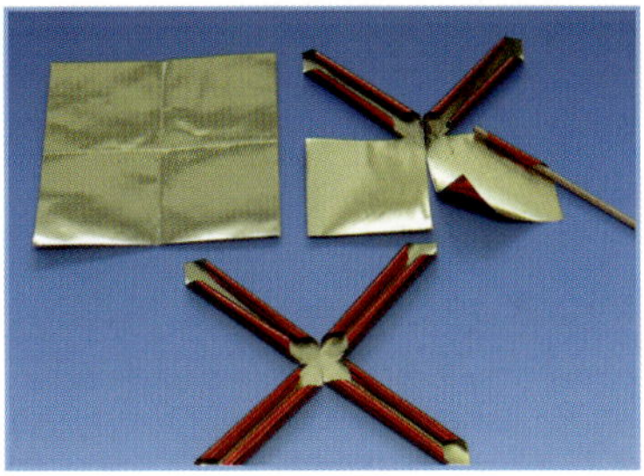

3 Erst jetzt diese Rollen an den Sternspitzen etwas aufrollen, so dass die vier Sternspitzen nach außen hin breiter werden. Auf diese Weise für einen rundum plastischen Rollstern sechs Vierersterne anfertigen. Auf einen großen Viererstern versetzt einen mittelgroßen Stern und darauf versetzt einen kleinen Stern kleben. Beim Aufeinanderkleben stehen die Zacken der beiden aufgeklebten Vierersterne, bedingt durch die eingerollten Ränder, schräg nach oben und geben dadurch dem Stern seine Plastizität. Die restlichen drei Vierersterne ebenfalls aufeinander kleben. Die beiden entstandenen Sterne Rücken an Rücken versetzt aufeinander kleben.

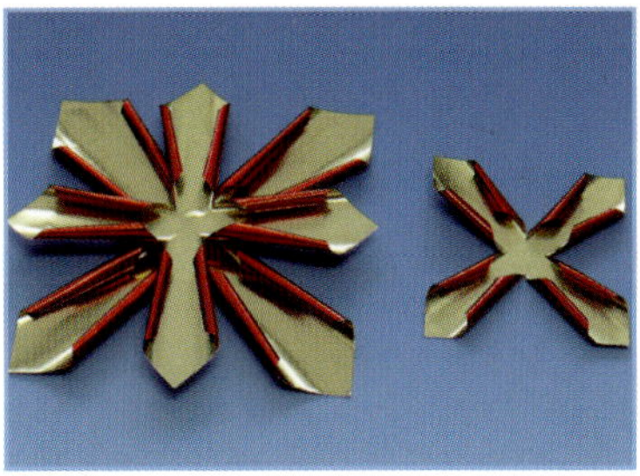

Tipp: Die Rollsterne können aufgehängt werden, indem ein Faden mit eingeklebt wird. Sie sind aber auch wie auf dem Foto zu sehen eine schöne, festliche Tischdekoration. Wenn Sie die Sterne nur auf dem Tisch arrangieren wollen, können Sie sie auch nur auf einer Seite plastisch ausarbeiten.

Sternenkette

→ aus Fröbelsternen

MOTIVDURCHMESSER
Einzelstern ca. 4 cm und 6 cm

MATERIAL STERN MIT KURZEN ZACKEN
- matte Goldfolie, pro Stern 4 Streifen: 1 cm breit, 30 cm lang

STERN MIT LANGEN ZACKEN
- matte Goldfolie, pro Stern 4 Streifen: 7 mm breit, 30 cm lang

ZUSÄTZLICH FÜR KETTE
- Wachsperlen in Gold, ø 4 mm und 8 mm
- Wachsoliven in Gold, 8 mm lang
- Faden in Beige
- Vorstechnadel
- Nähnadel

VORLAGENBOGEN 1A+1B+2A

1 Eine beliebige Anzahl Fröbelsterne wie auf dem Vorlagenbogen 1A, 1B und 2A beschrieben falten.

2 Bei den Sternen aus den 1 cm breiten Streifen die Enden direkt an den Sternzacken abschneiden. Bei den anderen Sternen die überstehenden Streifenenden zuerst auf 2 cm kürzen und dann zum Stern hin abschrägen.

3 Die Sterne mit der Vorstechnadel lochen, den Faden mithilfe der Nähnadel durchziehen, an einem Stern anknoten, die Wachsperlen und -oliven auffädeln und am zweiten Stern anknoten etc.

Tipp: Mehrere Sternenketten nebeneinander gehängt ergeben eine hübsche Dekoration am Fenster.

TOPP

Armin Täubner

Fröbelsterne und Co.

Aus verschiedenen Papieren

BEST.-NR. 3620

VORLAGENBOGEN 1A

1

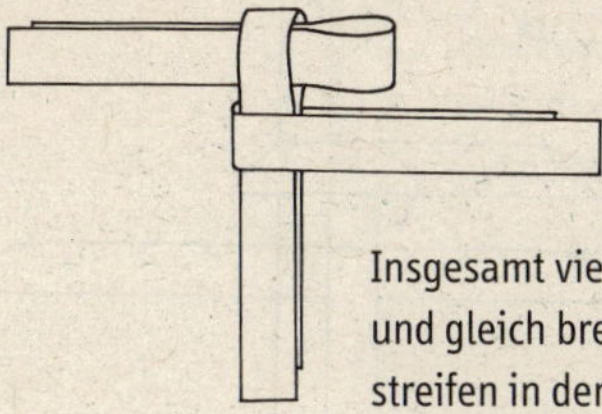

2

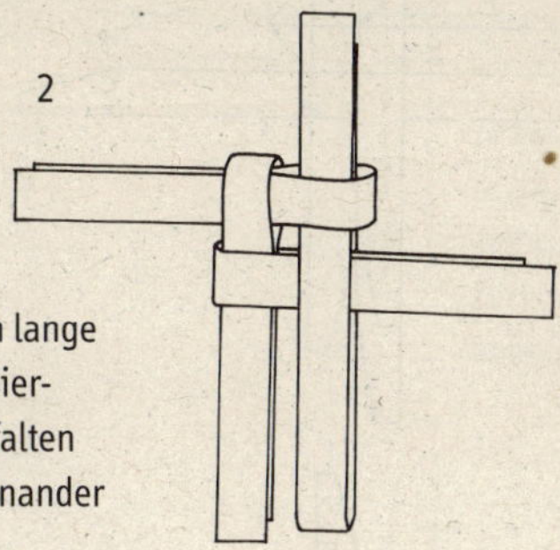

Insgesamt vier gleich lange und gleich breite Papierstreifen in der Mitte falten und kreuzförmig ineinander einhängen.

3

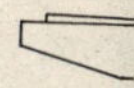

Die En[illegible] abschn[illegible] obere [illegible] nach u[illegible] pen.

5

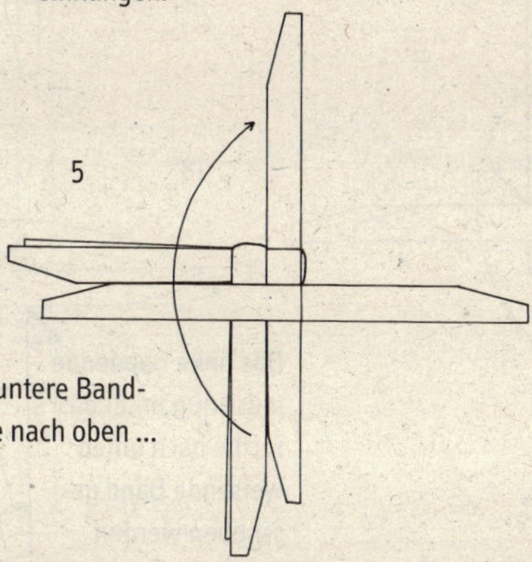

das untere Bandende nach oben ...

6

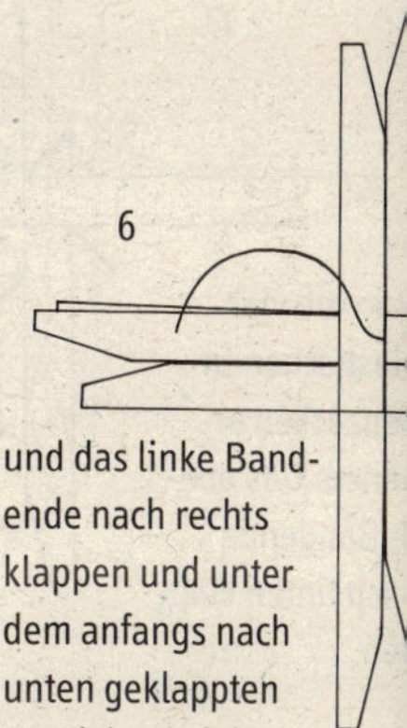

und das linke Bandende nach rechts klappen und unter dem anfangs nach unten geklappten Band durchziehen.

8

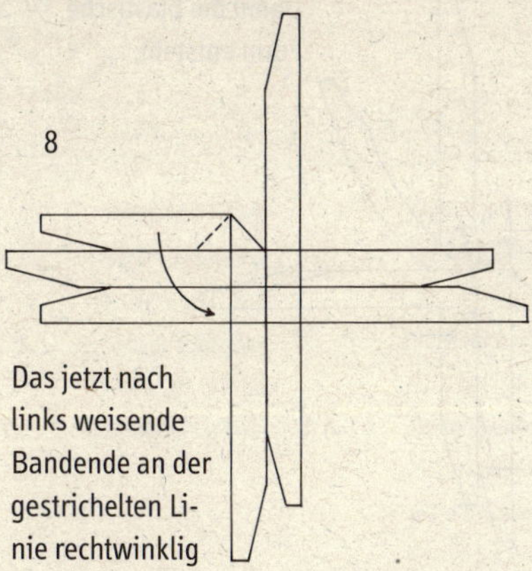

Das jetzt nach links weisende Bandende an der gestrichelten Linie rechtwinklig nach unten falten

9

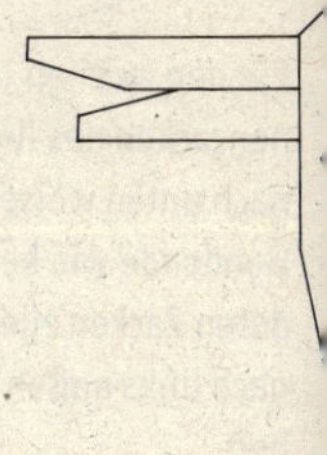

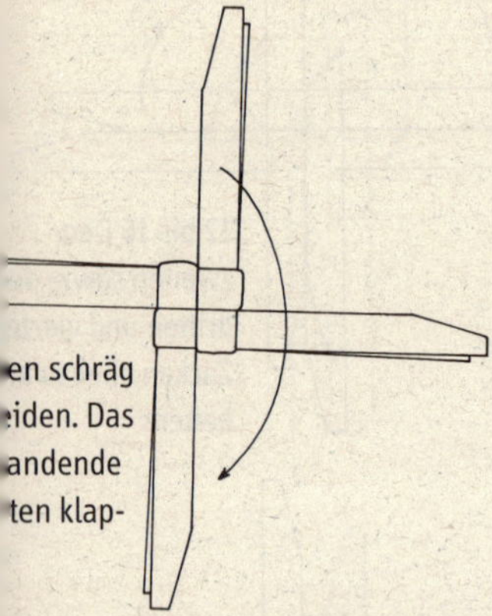

en schräg
iden. Das
andende
ten klap-

Weiter im Uhrzeigersinn das rechte Ende nach links, …

4

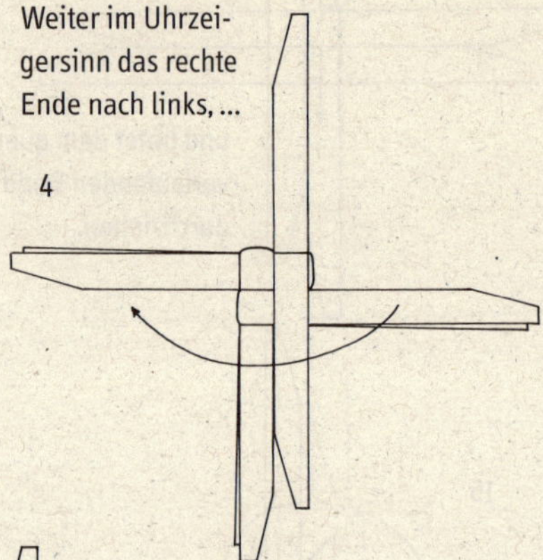

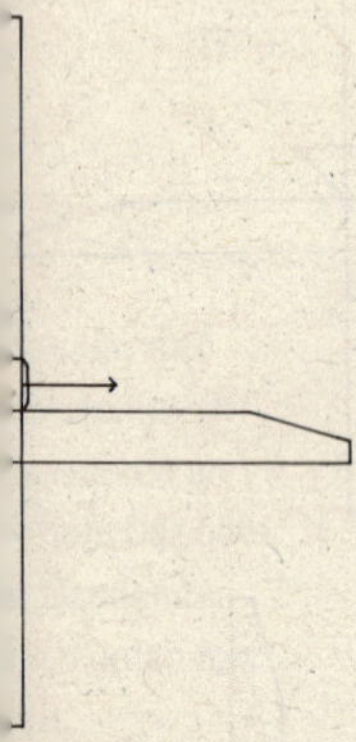

7

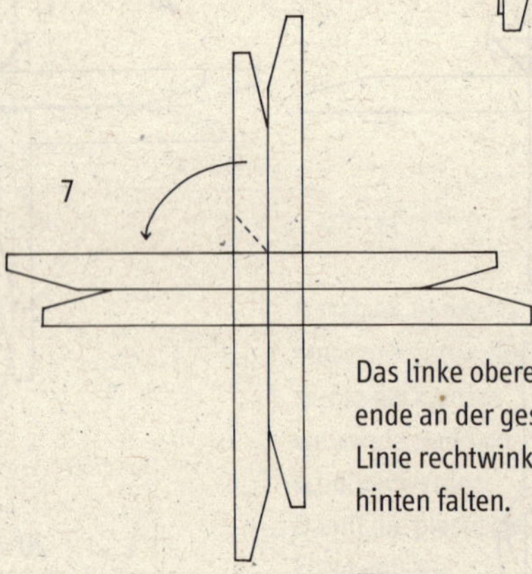

Das linke obere Bandende an der gestrichelten Linie rechtwinklig nach hinten falten.

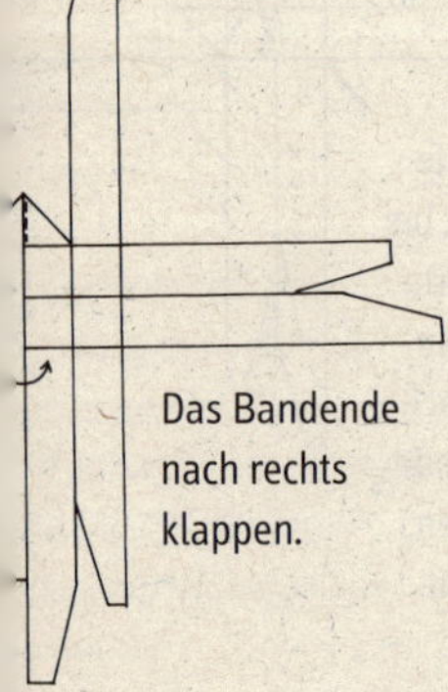

Das Bandende nach rechts klappen.

10

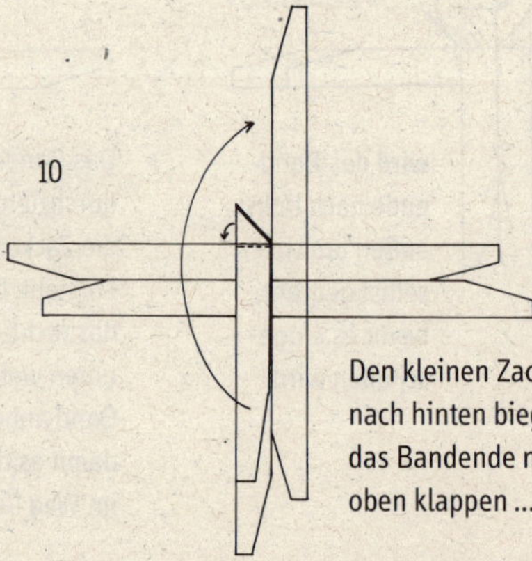

Den kleinen Zacken nach hinten biegen, das Bandende nach oben klappen …

Faltklappsterne

→ toller Effekt

MOTIVDURCH-MESSER
ca. 18 cm

MATERIAL
- zweifarbige Faltblätter in Dunkelgelb, Orange und Rot, 20 cm x 20 cm
- Cutter mit Schneideunterlage
- Klammerhefter

VORLAGEN-BOGEN 2B

1 Am besten wirken die umgeklappten Motivteile bei zweifarbigen Faltblättern. Je dünner das Papier, desto leichter lässt es sich mit dem Cutter schneiden.

2 Das Papierquadrat diagonal zu einem Dreieck falten. Dieses Dreieck in der Mitte falten, wieder öffnen und so hinlegen, dass sich die Faltlinie nach oben wölbt (man nennt das eine Bergfalte). Die beiden seitlichen Ecken zur Mitte falten, damit ein Quadrat entsteht.

3 Die unteren Seiten zur Mitte falten, so dass eine Drachenform entsteht. Die linke Drachenhälfte nach hinten falten. Die Schablone auflegen und mit dem Bleistift konturieren. Das Papierdreieck außerhalb der Konturenlinien mit dem Tacker zusammenheften.

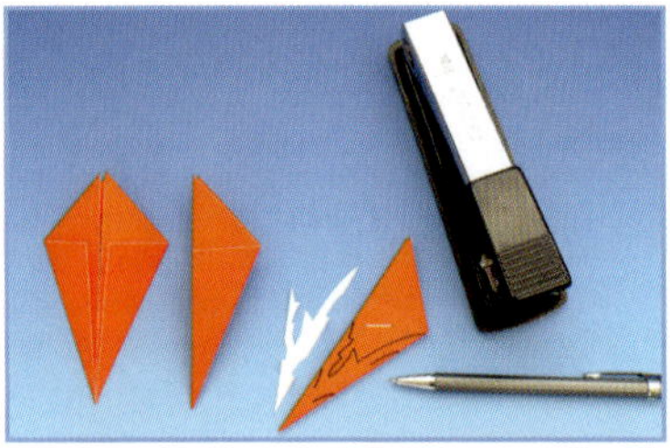

4 Auf der Schneideunterlage die Konturen mit dem Cutter ausschneiden. Den Stern entfalten und die Einschnitte umklappen, damit die andersfarbige Papierseite zum Vorschein kommt.

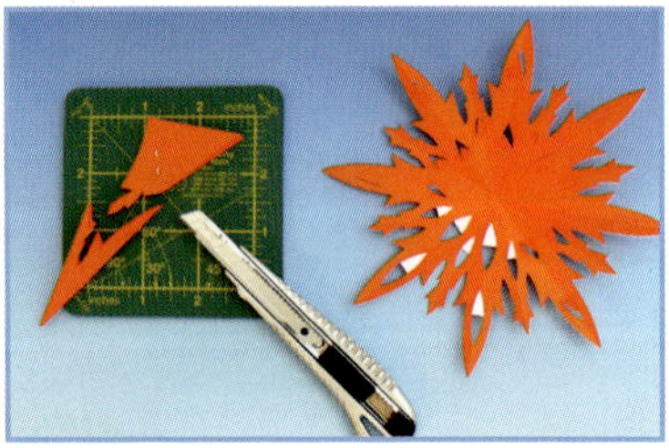

Hellblaue Sterne

→ auf Karten

1 Die benötigte Anzahl Fröbelsterne wie auf dem Vorlagenbogen 1A und 1B beschrieben bis einschließlich Zeichnung 18 falten.

2 Die Streifenenden der flachen Fröbelsterne direkt nach dem Durchziehen abschneiden. Die Streifenenden können aber auch erst nach 1 cm abgeschnitten werden. Es entstehen dadurch vier kleine Quadrate, jeweils 1 cm x 1 cm, die auf den Stern aufgeklebt werden. Auf die Sterne etwas Malglitter auftragen.

3 Die Fotokartonrechtecke, 22 cm x 17 cm, 14 cm x 14 cm und 12 cm x 8 cm, in der Mitte anritzen und zu Doppelkarten, 11 cm x 17 cm, 7 cm x 14 cm und 6 cm x 8 cm, falten. Die große Karte mit einem Transparentpapierstreifen, 3 cm x 17 cm, und zwei Wellpappestreifen, 0,5 cm x 17 cm, bekleben.

4 Die beiden Anhänger mit der Lochzange lochen und mit 5 mm breiten Transparentpapier- und Wellpappestreifen verzieren.

5 Den Malglitter sparsam auftragen, da sich sonst der Karton wellt. Nun die Sterne aufkleben. Abschließend die Kordel durch das Loch ziehen und verknoten.

MOTIVDURCHMESSER

Einzelstern ca. 4 cm

MATERIAL

- Fotokarton in Weiß, 22 cm x 17 cm, 14 cm x 14 cm und 12 cm x 8 cm
- Wellpapperest in Weiß
- Transparentpapier in Hellblau mit Schneekristall-Muster, pro Stern 4 Streifen: 1 cm breit, 30 cm lang und Rest (für Verzierungen)
- Satinkordel in Hellblau, ø 2 mm
- Malglitter in Silber
- UHU Alleskleber extra Kraft (Transparentpapier)
- UHU Alleskleber (Sterne und Wellpappe)
- Lochzange

VORLAGENBOGEN 1A+1B

Sterne in Rot

→ mit plastischer Mitte

MOTIVDURCHMESSER
ca. 10 cm

MATERIAL PRO STERN
- Alu-Bastelfolie in Rot mit Sternchen, 2 x 12 cm x 12 cm
- UHU Alleskleber Kraft
- Transparentpapier
- dünner Karton
- Druckbleistift
- Klebestift
- Cutter mit Schneideunterlage
- Lineal
- Nähnadel
- Faden in Rot

VORLAGENBOGEN 2A

1 Die Vorlage auf Transparentpapier abpausen, auf dünnen Karton kleben und exakt ausschneiden. Aus dieser Schablone die kleinen Dreiecke in den Sternzacken mit dem Cutter ganz herausschneiden.

2 Die Schablone auf die Folie legen und die Konturen mit einem Druckbleistift nachziehen. Die Linien werden dabei gut sichtbar leicht in die Folie eingedrückt. Das Folienteil ausschneiden. Die sechs kleinen Dreiecke bis zur gestrichelten Linie mit dem Cutter einschneiden. Pro Stern werden zwei Einzelsterne benötigt.

3 Mit Lineal und Druckbleistift nun die gestrichelten Linien aufzeichnen. Den Stern an den gestrichelten Linien falten.

4 Die gepunktete Fläche mit Klebstoff bestreichen und die Sternhälfte zusammenkleben. Die zweite Sternhälfte ebenso arbeiten. Beide Sternteile Rücken an Rücken versetzt aufeinander kleben.

5 Mithilfe der Nähnadel an einem Zacken den roten Faden anbringen.

Tipp: Mithilfe eines Kopiergeräts können Sie die Vorlagen beliebig vergrößern oder verkleinern.

Großer Stern

→ mit vier kleinen Sternen

MOTIVDURCH-MESSER
ca. 16 cm

MATERIAL

- geprägtes Baumwollpapier mit Ornamenten in Chamois, 4 Streifen: 2 cm breit, 60 cm lang, und 4 x 4 Streifen: 1 cm breit, 30 cm lang
- 4 Wachsperlen in Gold, ø 3 mm
- UHU Alleskleber
- Transparentpapier
- dünner Karton
- Bleistift
- Klebestift
- Faden in Beige
- Vorstechnadel
- Nähnadel

VORLAGEN-BOGEN
1A+1B+2A+2B

1 Den großen und die kleinen Fröbelsterne wie auf den Vorlagenbogen 1A, 1B und 2A beschrieben falten.

2 Beim fertigen großen Stern die Streifenenden auf 7 cm und bei den kleinen Sternen auf 2 cm kürzen.

3 Für die Enden beim großen Stern eine Schablone von der Vorlage auf Vorlagenbogen 2B anfertigen. Dazu die Vorlage mit Bleistift auf Transparentpapier übertragen, mit dem Klebestift auf dünnen Karton kleben und ausschneiden. Diese Schablone auf die Streifenenden auflegen und den Rand nachschneiden.

4 Bei den kleinen Sternen die Streifenenden von außen zur Sternmitte hin schräg abschneiden.

5 Die kleinen Sterne jeweils auf ein Zackenpaar des großen Sternes kleben. Auf die kleinen Sterne noch je eine Wachsperle kleben. Mit der Vorstechnadel ein Loch vorstechen und mit der Nähnadel den Aufhängefaden befestigen.

Filigraner Faltstern

→ mal fünf, mal vier Zacken

MOTIV-DURCH-MESSER
ca. 13 cm

MATERIAL PRO STERN

- matte Goldfolie, 4 oder 5 Papierquadrate à 5 cm x 5 cm
- UHU Alleskleber Kraft
- Pinzette
- dünner Goldfaden
- Nähnadel

1 Das Papierquadrat diagonal und nochmals genau in der Mitte falten, so dass ein kleines Dreieck entsteht.

2 Das Dreieck parallel zur längsten Seite von der letzten Faltlinie aus insgesamt fünfmal bis ca. 3 mm vom gegenüberliegenden Rand entfernt einschneiden. Der Abstand zwischen den Einschnitten beträgt ca. 3 mm. Das Dreieck zum Quadrat öffnen.

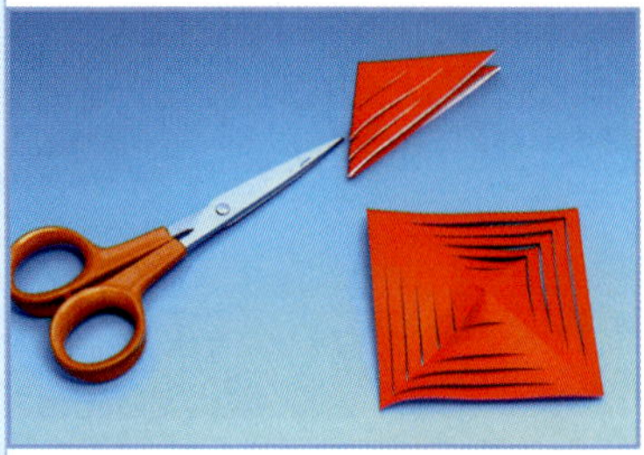

3 Die beiden innersten Spitzen der Einschnitte am besten mithilfe einer Pinzette bogenförmig zusammenkleben. Die übernächsten beiden Spitzen und danach wieder die übernächsten Spitzen zusammenkleben. An der Unterseite der Raute ein kleines Dreieck nach oben falten.

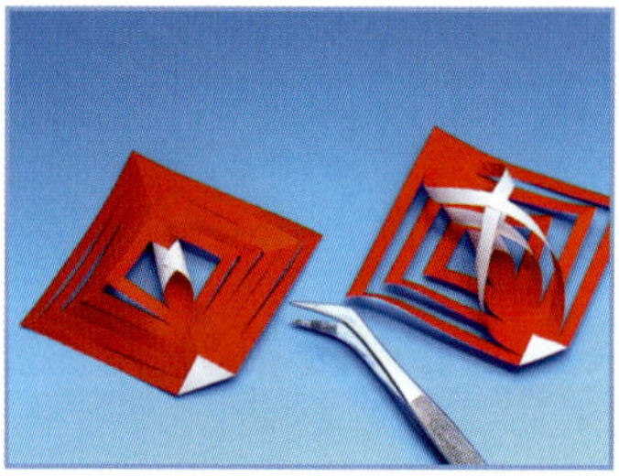

4 Das Papierquadrat wenden. Die verbliebenen drei Spitzenpaare bogenförmig zusammenkleben, dabei mit den inneren Spitzen beginnen. Weitere drei oder vier dieser Elemente wie beschrieben falten und kleben.

WEITERFÜHRUNG

Filigraner Faltstern

5 Das umgeklappte Dreieck an der Unterseite mit Klebstoff bestreichen und an das zweite Element kleben. Das Dreieck dieses Elements ebenfalls mit Klebstoff bestreichen und ans nächste Element kleben etc.

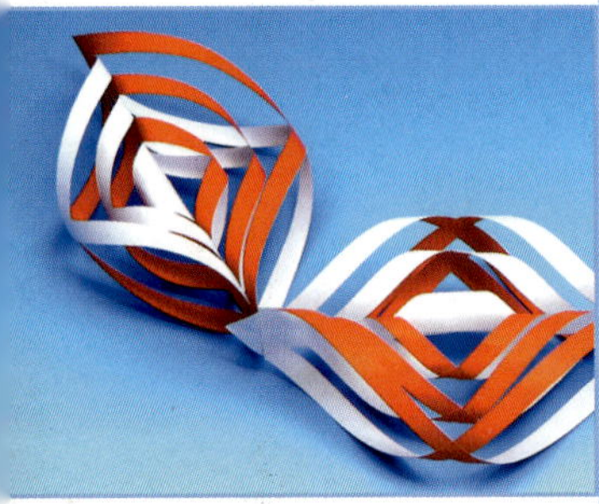

6 Mithilfe einer Nähnadel den Aufhängefaden befestigen.

Tipp: Falten Sie zunächst einen Stern aus größeren Quadraten, z. B. 10 cm x 10 cm. Er wird genauso schön, lässt sich aber viel leichter zusammenkleben. Die einzelnen Elemente sind ebenfalls ein hübscher Baumschmuck.

Fröbelstern-Stecker

→ elegante Raumdeko

MOTIVDURCHMESSER
Stern ca. 4 cm

MATERIAL PRO STECKER

- Transparentpapier mit Flammenmuster in Rot, 4 Streifen: 1 cm breit, 30 cm lang
- Stieldraht, ø 0,8 mm bis 1,2 mm, 30 cm lang
- Wachsperlen in Gold, ø 4 mm bis 10 mm
- Metallicpaint in Gold
- UHU Alleskleber Kraft

VORLAGENBOGEN
1A + 1B + 2A

1 Da das Transparentpapier einseitig bedruckt ist, ist eine Seite intensiver gefärbt als die andere. Das wirkt sich beim gefalteten Stern so aus, dass der mittlere Bereich z. B. dunkler und die Randzacken heller sind.

2 Die Fröbelsterne wie auf dem Vorlagenbogen 1A, 1B und 2A beschrieben falten.

3 Die Sterne und die Stieldrähte nach Belieben mit Metallicpaint verzieren.

4 Dann die Wachsperlen auf die Stieldrähte stecken und evtl. mit etwas Klebstoff am Verrutschen hindern. Die Sterne auf die Drähte stecken.

Tipp: Wenn Sie Schwierigkeiten haben, das Transparentpapier mit Flammenmuster zu bekommen, nehmen Sie einfach ein ähnliches Papier, z. B. Regenbogen-Transparentpapier. Einen ähnlichen Effekt wie das Flammenmuster, jedoch farblich mehr ins Rote oder Orangefarbene gehend, hat Transparentpapier mit Batikmuster, siehe Stern oben links auf der Titelseite.

Fröbelsternkombination

→ hübsch auf dem Tisch

MOTIVDURCH-MESSER
ca. 6,5 cm

MATERIAL PRO STERN
- geprägtes Baumwollpapier mit Ornamenten in Chamois, 4 Streifen: 1,5 cm breit, 45 cm lang
- matte Goldfolie, 4 Streifen: 1 cm breit, 30 cm lang
- UHU Alleskleber

VORLAGENBOGEN 1A+1B+2A

1 Die Fröbelsterne wie auf dem Vorlagenbogen 1A, 1B und 2A beschrieben falten.

2 Die Streifenenden des flachen Fröbelsterns aus Baumwollpapier direkt nach dem Durchziehen abschneiden.

3 Bei dem einseitig plastischen Fröbelstern aus Goldfolie die Rückseite wie beim flachen Fröbelstern arbeiten.

4 Beide Sterne aufeinander kleben.

Tipp: Wenn Sie diesen Stern aufhängen wollen, kleben Sie auf beide Seiten je einen einseitig plastischen Fröbelstern aus matter Goldfolie.

Rote Fröbelsterne

→ mit gezackten Enden

MOTIVDURCHMESSER
ca. 13 cm

MATERIAL PRO STERN

- Batikpapier in Rot, 4 Streifen: 1,5 cm breit, 45 cm lang
- Transparentpapier
- dünner Karton
- Bleistift
- Klebestift
- Faden in Rot
- Nähnadel

VORLAGENBOGEN 1A + 1B + 2A + 2B

Abbildung siehe auch Seite 1

1 Die Fröbelsterne wie auf dem Vorlagenbogen 1A, 1B und 2A beschrieben falten.

2 Die Streifenenden des fertigen Sterns auf 5 cm kürzen.

3 Um die Enden in Form zu schneiden, Schablonen anfertigen: Dazu die Umrisse vom Vorlagenbogen 2B mit Bleistift auf Transparentpapier abzeichnen, auf dünnen Karton kleben und exakt ausschneiden. Eine der drei Schablonen auf ein Streifenende legen und entweder die Konturen mit Bleistift nachziehen und dann nachschneiden oder direkt an der Schablone entlang schneiden.

4 Mit der Nähnadel den Aufhängefaden anbringen.

DIESES BUCH ENTHÄLT 4 VORLAGENBOGEN

IMPRESSUM

Wir danken der Buntpapierfabrik Marpa Jansen, Mönchengladbach, für die freundliche Bereitstellung von Material.
FOTOS: frechverlag GmbH, 70499 Stuttgart; Armin Täubner (Schrittfotos); Fotostudio Ullrich & Co., Renningen (übrige Fotos)
DRUCK: frechdruck GmbH, 70499 Stuttgart

Auflage:	5.	4.	3.	2.	1.
Jahr:	2011	2010	2009	2008	2007 [Letzte Zahlen maßgebend]

ISBN 978-3-7724-3620-8
Best.-Nr. 3620